建筑工程测量

任 务 工 单

姓名 ______________

班级 ______________

学校 ______________

机 械 工 业 出 版 社

目　　录

测量实训须知

测量实训是学习建筑工程测量的最有效的方法之一，职业教育更是应该牢牢把握住技能的培养，作为建筑工程测量这一技能型专业，就更加应该加强测量实训的学习。

一、测量实训前须知

1. 实训前必须根据实训老师的安排与计划，阅读有关教材及实训指导书，了解实训的内容、目的要求、方法步骤及注意事项，以保证按要求完成实训任务。

2. 实训前必须在规定的地点集合点名，不得无故缺席或迟到早退，更不得以实训为由到处在校园游荡。

3. 实训分小组进行，组长负责组织和协调小组工作，安排借还仪器的同学。

4. 借还仪器时间必须严格把控，按照实训老师的要求准时到达仪器室进行借还，同时做好登记工作。

5. 借仪器的同学领取仪器时，应检查仪器领取时的仪器状态，有损坏及时向实训老师报告。

6. 归还仪器时，应检查仪器外观是否有破损、是否关机，脚螺旋是否还原，同时登记仪器的归还状态。

二、测量过程须知

1. 实训过程中，组长应随时注意组员的动向，不得随意脱离组队，出现离队情况，应及时向实训老师报告，按照学校规章制度予以处理。

2. 实训过程中，如出现仪器故障，应及时向指导老师报告，不可随意自行处理。

3. 实训过程中，若有损坏或遗失，先进行登记，查明原因后，视情节轻重，按学校有关条例给予适当赔偿和处理。

4. 实训过程中，必须保证场地的清洁，不得随意乱扔垃圾，不得到处乱写乱画。

三、测量工具使用须知

（一）仪器的安装须知

1. 脚架安装时，脚架抽出长度大致与实测员肩高，脚架分开跨度为两肩宽，架头大致水平。

2. 脚架安装时，应视地面情况固定：

（1）如果地面为泥土地面，将各架脚尖踩入土中，使三脚架稳妥，以防仪器下沉。

（2）如果在光滑地面架设仪器器三脚架，要采取安全措施，防止仪器脚架打滑。

（3）如果在斜坡地上架设仪器三脚架，应使两条架腿在坡下，一条架腿在坡上。

3. 仪器安装前，仪器箱应平稳放在地面上或其他平台上才能开箱。开箱后，看清仪器在箱中的位置，以免装箱时发生困难。

4. 取出仪器前，应先松开制动螺旋，以免在取出仪器时，因强行扭转而损坏制动装置。

5. 取出仪器时，应握住基座或照准部的支架部分取出，然后小心地放在三脚架架头上。

6. 仪器安装时，一手握住基座或照准部的支架，另一手将中心连接螺旋旋入基座底板的连接孔内旋紧，做到“连接牢固”。

7. 仪器取出后，仪器箱要随即将仪器箱盖好，以免沙土杂草进入箱内。

8. 禁止坐仪器箱等各种测量工具。

（二）仪器的使用须知

1. 仪器使用过程中，在任何时候，仪器旁必须有人看管，做到“人不离仪”，防止其他无关人员碰撞或使用。

2. 仪器使用过程中，尽量沿着道路两边或车辆人员比较稀少的线路施测，防止行人车辆等冲撞仪器。

3. 仪器使用过程中，应注意在阳光或细雨下必须撑伞，特别注意不得使仪器受潮。

4. 仪器使用过程中，应避免触摸仪器的物镜和目镜。

5. 仪器使用过程中，如需转动仪器，应先松开制动螺旋，然后平稳转动；制动螺旋及脚螺旋不能拧得太紧。

（三）仪器的搬迁须知

1. 远距离迁站或通过行走不便的地区时，必须将仪器装箱后再迁站。

2. 近距离且平坦地区迁站时，可将仪器连同三脚架一同搬迁。

（1）先检查一下连接螺旋是否旋紧，然后松开各制动螺旋，若为经纬仪应使望远镜对着度盘中心，若为水准仪物镜应向后。

（2）收拢三脚架，左手握住仪器的基座或支架，右手抱住三脚架，近乎垂直地搬迁。

3. 仪器搬运前，应检查仪器背带和提手是否牢固，仪器箱是否锁好。

4. 仪器搬运时，应轻拿轻放，避免剧烈震动和碰撞。

5. 仪器迁站时，必须带走仪器箱及有关工具。

（四）仪器的装箱须知

1. 仪器装箱时，应先松开各制动螺旋。

2. 仪器装箱时，应一手握住照准部支架或水准仪基座，另一手将中心连接螺旋旋开，双手将仪器取下装入箱中。

3. 仪器装箱时，应旋紧各制动螺旋。

4. 仪器装箱时，应检查仪器箱内的附件是否缺少，然后关箱门，并立即扣上门扣或上锁。

（五）其他测量工具的使用须知

1. 钢尺的使用。

（1）钢尺使用过程中，应注意对钢尺的清洁与维护，尤其不能沾水遇潮。

（2）钢尺使用过程中，应避免扭转、打结，防止行人踩踏和车辆碾压，以免钢尺折断。

（3）钢尺使用过程中，如需携尺前进，必须提起钢尺行走，不允许在地面拖走，以免损坏钢尺刻划。

（4）钢尺使用完毕，必须用抹布擦去尘土，涂油防锈。

2. 水准尺与测杆。

（1）水准尺与测杆使用过程中，应注意对水准尺与测杆的清洁与维护，尤其注意防水、防潮。

（2）水准尺与测杆使用过程中，应轻拿轻放，不可受横向压力，以免弯曲变形。

（3）水准尺与测杆使用过程中，不得将水准尺或测杆往树上或墙上立靠，以防滑倒摔坏或磨损尺面。

（4）塔尺在使用过程中，应注意接口处的正确连接，用后及时收尺。

3. 测图板。测图板使用时，应注意保护板面，不准乱戳乱画，不能施以重压。

四、实训结束后须知

1. 实训结束时，应把观测记录、计算表交给指导老师审阅，合乎要求并经允许，方可收拾和清洁仪器工具，并按领取仪器的位置，归还仪器与用具。

2. 实训结束后，应检查实训仪器与工具是否齐全，同时报告实训老师仪器完好情况。

3. 实训结束后，应检查实训仪器与工具的工作状态，必须做好仪器与工具的清洁工作，如果镜头有灰尘，应用仪器箱中的软毛刷拂去或用镜头纸轻轻擦拭，严禁用手帕或纸张等物擦拭。

五、测量实训内业记录与计算规则

（一）测量实训内业记录

1. 测量实训内业记录应自备记录板与2H或3H绘图铅笔，条件允许的情况下，还应该准备好计算器。

2. 测量实训内业记录表除了使用本任务工单，如实训内容较多，学生应按照实训要求自绘实训表格。

3. 测量实训内业各项记录必须直接记入在规定的表格内，不准另以纸条记录事后誊写。凡记录表格上规定应填写的项目不得空白。

4. 观测者读数后，记录者应在记录的同时回报读数，以防听错、记错。

5. 禁止擦拭、涂改。记录数字若有错误，应在错误数字上划一斜杠，将改正数据记在原数上方。

（二）测量实训计算规则

1. 测量实训记录或计算的数据应写齐规定的字数，表示精度或占位的“0”均不能省略。如水准尺读数2.33m应记作2.330m，角度读数46°4′4″应记作46°04′04″。

2. 数据计算时，应根据所取位数，按“4舍6进，5前单进双舍”的规则进行凑整。例如，若取至毫米，则2.3584m、2.3576m、2.2585m、2.3575m都应记为2.358m。

3. 原始观测数据的尾数部分不准更改，应将该部分观测废去重测：

（1）水准测量中厘米和毫米的读数不得更改，重测范围为一测站。

（2）角度测量中分和秒的读数不得更改，重测范围为一测回。

（3）距离测量中厘米和毫米的读数不得更改，重测范围为一尺段。

4. 禁止连续更改：

（1）水准测量的黑、红读数。

（2）角度测量中的盘左、盘右读数。

（3）距离测量中的往、返读数等。

以上事项均不能同时更改，否则重测。

5. 每测站观测结束后，必须在现场完成规定的计算和检核，确认无误后方可迁站。

情境一　运用水准仪对现有地形进行抄平

任务一　学习水准仪的基础知识与操作

工单名称	在平地、坡地和楼梯处分别进行水准仪的调平	测量员		工日	
单位		项目部		单位自评分	
实训设备		实训场地		日期	
项目任务	1. 了解水准仪构部件的组成及功能。 2. 水准仪在平地、坡地和楼梯的调平。 3. 技术指标：平地调平 30″，坡地、楼梯调平 1′。				
任务目的	根据水准仪构件学习，进行不同地形的调平。				

项目准备

一、水准仪构件的基本认识（图 1）

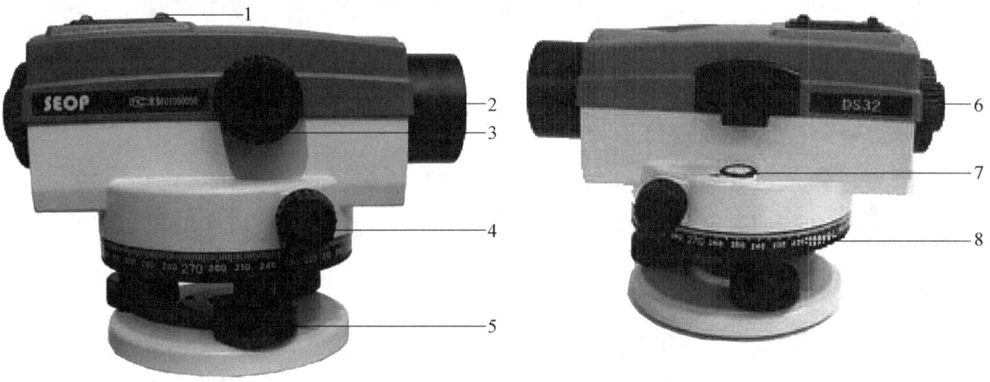

图　1

1 ____________　2 ____________　3 ____________

4 ____________　5 ____________　6 ____________

7 ____________　8 ____________

二、水准仪的基本操作

1）三脚架张开，使其高度在____________附近，架头大致__________，并将脚尖踩入土中，力求踩实，然后用连接螺旋将仪器连接在三脚架上。

2）先转动两只脚螺旋，使圆水准器气泡向中间移动，使圆水准器的圆圈及另一________大致呈一直线，再转动另一脚螺旋，使气泡移至________位置。

3）瞄准目标后，图像不清晰，可调__________螺旋；十字丝不清晰，可调__________螺旋。反复调节目镜与物镜对光螺旋，可以消除________。

项目决策与计划

请根据仪器构件组成及功能和任务要求，确定所需要的检测仪器、工具，并对小组成员进行合理分工，制定详细的项目实施步骤并完成调平。

一、所需要的检测仪器、工具

二、小组人员分工

三、写出自动安平水准仪调平的实施步骤

（续）

项目施工

步骤一：松开三角脚架，松开脚架固定螺栓并使脚架高度在胸口附近，拧紧固定螺栓。

步骤二：打开三角脚架，两脚架距离一步距宽，并使架头大致水平，将脚尖踩入土中，力求踩实，然后用连接螺旋将仪器连接在三脚架上。

①三角脚架脚尖的作用：________________________。

②架头大致水平的作用：________________________。

步骤三：打开仪器箱取出仪器，将仪器放置在架头上，拧紧连接螺旋。

①将水准仪脚螺旋调到________________位置。

②连接螺旋的作用：________________________________。

步骤四（图 2）：移动脚架，使圆水准气泡大概居中。

步骤五（图 2）：转动脚螺旋，使圆水准气泡居中。

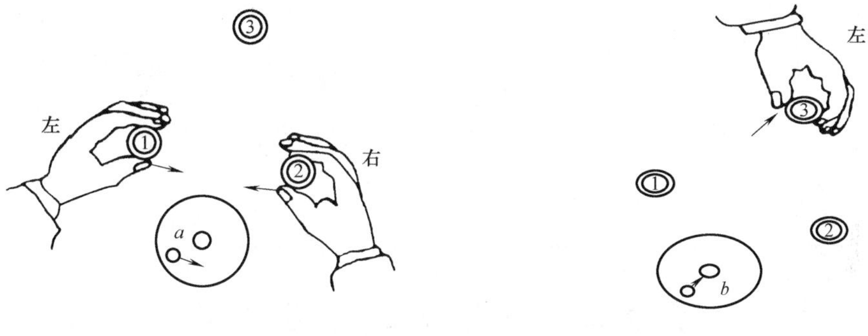

图　2

①转动脚螺旋时要用“气泡移动的方向与________________拇指的旋转方向一致”的原则进行。

②气泡始终处于（高/低）位？________________。

③圆水准气泡的作用：________________________________。

④自动安平水准仪是否有管水准气泡？________________。

步骤七：转动目镜调焦螺旋，使十字丝清晰；转动仪器，用准星和照门（缺口）瞄准水准尺，转动微动螺旋，使水准尺成像在十字丝交点处。

步骤八：用中丝在水准尺上读数。

①瞄准目标必须消除________；水准尺必须扶________；掌握标尺刻划规律；读数应由刻划顺序读取（不管上下，只管由小到大）。

②水准尺读数要点是：________________________________。（提示估读到哪一位，共需读几位数）

报验

班组长对测量组进行自我检查，要求测量员能在平地、坡地和楼梯处分别快速地调平并计时，达到要求后申请老师检查。

验收	班组检查	

（续）

		学号	姓名	评分(满分10)	学号	姓名	评分(满分10)
验收	单位自检						
		注意:最高分与最低分相差最少3,同分人最多3人,某一成员分数不得超平均分±3。					
	施工单位意见						
	监理部意见						

任务二　运用水准仪测设高程

任务名称	运用水准仪测设高程	测量员		工日	
单位		项目部		单位自评分	
实训设备		实训场地		日　期	
项目任务	1. 完成各类路线水准测量,并控制好误差。 2. 由已知点高程推算未知点高程。 3. 完成指定路段场地抄平。 4. 技术指标:$f_{h允} = \pm 12\sqrt{N}$mm(N为测站数)。				
任务目的	掌握水准测量高程推算,理解场地抄平原理。				
项目准备	水准测量原理如图3所示。				

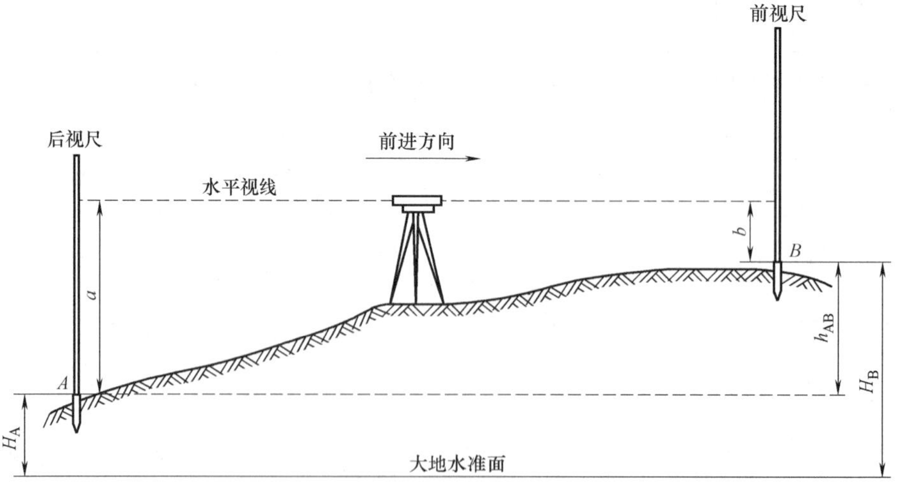

图3　水准测量原理

（续）

项目准备	1）利用水准仪提供的__________，读取竖立于两个点上的水准尺上的读数（即读取水准尺上的刻度），来测定两点间的______，再根据已知点高程计算未知点__________。 2）水准路线的布设有__________、__________、__________。 3）高差 h = 后视读数 a ________前视读数 b。 4）前视点高程 H = 后视点高程 H ________前、后视点之间的高差 h。 5）水准测量误差主要来源：__________、__________、__________。 6）改正数计算公式：____________________。
项目决策与计划	请根据从已知点通过水准仪测量未知点高程项目任务要求，确定所需要的检测仪器、工具，并对小组成员进行合理分工，制定详细项目实施步骤并完成观测。 一、所需要的检测仪器、工具 二、小组人员分工 三、简要写出水准测量外业施测
项目施工	1. 从已知点通过水准仪测量未知点高程 步骤一：松开三角脚架，松开脚架固定螺栓并使脚架高度在胸口附近，拧紧固定螺栓。 步骤二：打开三角脚架，两脚架距离一步距宽，并使架头大致水平，将脚尖踩入土中，力求踩实，然后用连接螺旋将仪器连接在三脚架上。 步骤三：打开仪器箱取出仪器，将仪器放置在架头上，拧紧连接螺旋，并进行调平。 步骤四：转动目镜调焦螺旋，使十字丝清晰，瞄准后视 A 点上的水准尺，用中丝读取后尺读数，记入表格中。 1）在每次读数之前，要消除______。 步骤五：瞄准前视转点 1 上的水准尺，读数，记入表格中。然后立即计算该站的高差。 2）前、后距离大约______，其视距不超过______ m，调平水准仪。 3）注意弄清每一个测站的点、后视点、前视读数、读数、转点、待测点的概念，不要混淆。 步骤六：迁至第 2 测站，继续上述操作程序，测出其他水准点。 1）已知水准点只有______读数；转点既有后视读数，又有______读数；待测点只有读数。 2）同一测站的视线高度不一样时测出的高差是否一样？______。 步骤七：根据已知点高程及各测站高差，计算水准路线的高差闭合差，并检查高差闭合差是否超限。 1）高差闭合差的公式：____________________。 2）检查高差闭合差是否超限，如超限应。 步骤八：若高差闭合差在容许范围内，则对高差闭合差进行调整，计算各待定点的高程。 1）容许高差闭合差公式：__________。 2）改正数计算公式：__________。 2. 在学校道路上进行指定段的抄平 步骤一：将抄平地段画方格网进行分割。 步骤二：在已知水准点立塔尺，选择合适场地架设好水准仪并进行测量，将高程引测到抄平路段基准点上，并算出基准点高程。 自动安平水准调平手法：____________________。 步骤三：以基准点为总后视上测出各方格网内其他未知点的高程 H_i。 仪器架设的高低是否影响读数？______是否影响高差？______。 步骤四：比较设计高程与方格网内未知点的高程，计算 $H_i - H_{设}$，利用高挖（$H_i - H_{设} > 0$）、低填（$H_i - H_{设} < 0$）进行场地抄平。
报验	班组长对测量组进行自我检查，要求测量员完成水准测量施测、计算及场地抄平，达到要求后申请老师检查。

（续）

<table>
<tr><td rowspan="9">验收</td><td>班组检查</td><td colspan="6"></td></tr>
<tr><td rowspan="6">单位自检</td><td>学号</td><td>姓名</td><td>评分（满分 10）</td><td>学号</td><td>姓名</td><td>评分（满分 10）</td></tr>
<tr><td></td><td></td><td></td><td></td><td></td><td></td></tr>
<tr><td></td><td></td><td></td><td></td><td></td><td></td></tr>
<tr><td></td><td></td><td></td><td></td><td></td><td></td></tr>
<tr><td></td><td></td><td></td><td></td><td></td><td></td></tr>
<tr><td colspan="6">注意：最高分与最低分相差最少 3，同分人最多 3 人，某一成员分数不得超平均分 ±3。</td></tr>
<tr><td>施工单位意见</td><td colspan="6"></td></tr>
<tr><td>监理部意见</td><td colspan="6"></td></tr>
</table>

情境二　运用经纬仪测定已知坐标方位

任务一　学习经纬仪的基础知识与操作

任务名称	经纬仪在平地、坡地 和楼梯的调平	测量员		工日	
单位		项目部		单位自评分	
实训设备		实训场地		日 期	
项目任务	1. 了解经纬仪构部件的组成及功能。 2. 初步掌握经纬仪在平地、坡地和楼梯的调平。 3. 技术指标：平地调平 2′30″，坡地、楼梯调平 3′。				
任务目的	根据经纬仪构件学习，进行不同地形调平。				

项目准备

一、经纬仪构件的基本认识（图 4）

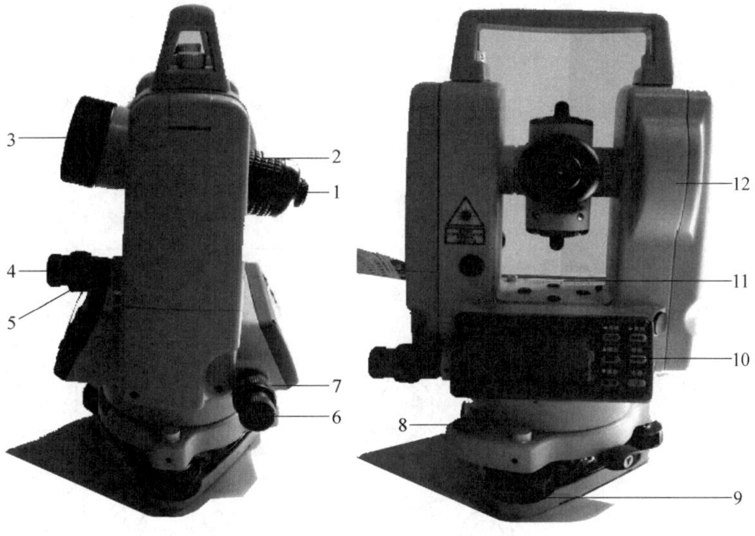

图 4

1 ____________　2 ____________　3 ____________

4 ____________　5 ____________　6 ____________

7 ____________　8 ____________　9 ____________

10 ____________　11 ____________　12 ____________

二、经纬仪的基本操作

1. 经纬仪的安置包括__________和__________。对中的目的是______________；整平的目的是______________。

2. 瞄准目标后，图像不清晰，可调__________螺旋；十字丝不清晰，可调__________螺旋。反复调节目镜与物镜对光螺旋，可以消除__________。

项目决策与计划

请根据仪器构件组成及功能和任务要求，确定所需要的检测仪器、工具，并对小组成员进行合理分工，制定详细项目实施步骤并完成调平。

一、所需要的检测仪器、工具

（续）

<table>
<tr><td>项目决策与计划</td><td colspan="2">二、小组人员分工

三、写出平地调平实施步骤

四、写出坡地与楼梯地形调平注意事项</td></tr>
<tr><td>项目施工</td><td colspan="2">步骤一：松开三角脚架，松开脚架固定螺栓并使脚架高度与测量员肩高，拧紧固定螺栓。
步骤二：打开三角脚架，两脚架距离一步距宽，并使初步平整，目估大概对中。
1）三角脚架脚尖的作用：____________________。
2）大概对中的标志是：____________________。
步骤三：打开仪器箱取出仪器，将仪器放置在架头上，拧紧连接螺旋。
1）取出仪器时的注意事项：____________________。
2）连接螺旋的作用：____________________。
步骤四：打开激光，移动脚架（一只或两只），精确对中，并踩紧 3 个脚架。
1）为何要踩紧脚架？____________________。
步骤五：伸缩脚架，使圆水准气泡居中。
1）气泡始终处于（高/低）位？__________。
2）伸缩脚架的技巧：____________________。
步骤六：转动脚螺旋，使照准部管水准气泡居中（图 5）。
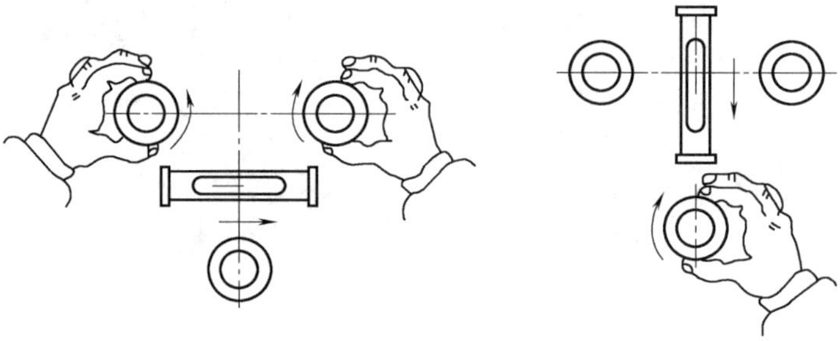
图　5
1）圆水准气泡的作用：____________________。
2）管水准气泡的作用：____________________。
3）脚螺旋调节管水准气泡的手法：____________________。
步骤七：松仪器连接螺旋，平移仪器，再次对中。
步骤八：重复步骤六、七，反复对中与整平，直到对中与整平都满足要求为止。</td></tr>
<tr><td>报验</td><td colspan="2">班组长对测量组进行自我检查，要求测量员能在平地、坡地和楼梯处分别快速地调平并计时，达到要求后申请老师检查。</td></tr>
<tr><td>验收</td><td>班组检查</td><td></td></tr>
</table>

（续）

<table>
<tr><td rowspan="8">验收</td><td rowspan="6">单位自检</td><td>学号</td><td>姓名</td><td>评分（满分 10）</td><td>学号</td><td>姓名</td><td>评分（满分 10）</td></tr>
<tr><td></td><td></td><td></td><td></td><td></td><td></td></tr>
<tr><td></td><td></td><td></td><td></td><td></td><td></td></tr>
<tr><td></td><td></td><td></td><td></td><td></td><td></td></tr>
<tr><td></td><td></td><td></td><td></td><td></td><td></td></tr>
<tr><td colspan="6">注意：最高分与最低分相差最少 3，同分人最多 3 人，某一成员分数不得超平均分 ±3。</td></tr>
<tr><td>施工单位意见</td><td colspan="6"></td></tr>
<tr><td>监理部意见</td><td colspan="6"></td></tr>
</table>

任务二　运用经纬仪测定坐标方位

<table>
<tr><td>任务名称</td><td>运用经纬仪测量指定的水平角、竖直角，计算方位角</td><td>测量员</td><td></td><td>工日</td><td></td></tr>
<tr><td>单位</td><td></td><td>项目部</td><td></td><td>单位自评分</td><td></td></tr>
<tr><td>实训设备</td><td></td><td>实训场地</td><td></td><td>日 期</td><td></td></tr>
<tr><td>项目任务</td><td colspan="5">1. 了解测量工作中水平角、竖直角的定义及取值范围。
2. 分别用测回法测水平角，用中丝法观测竖直角。
3. 技术指标：半测回角值互差不超过 ±40″；各测回差不超过 ±24″。</td></tr>
<tr><td>任务目的</td><td colspan="5">要求掌握水平角、竖直角的观测、记录及计算。</td></tr>
<tr><td>项目准备</td><td colspan="5">一、角度的基本认识
1）水平角的取值范围是＿＿＿＿＿＿＿＿＿＿。
2）竖直角的取值范围是＿＿＿＿＿＿＿＿＿＿。
3）天顶距的取值范围是＿＿＿＿＿＿＿＿＿＿。
4）同一个点的竖直角与其天顶距的关系是＿＿＿＿＿＿＿＿＿＿。
二、经纬仪测角度的基本操作
1）水平角观测中的测回法，适合观测＿＿个方向间的水平夹角。
2）利用经纬仪测量竖直角时，盘左位置抬高望远镜的物镜，若竖直度盘的读数逐渐减小，则竖直角的计算公式是：＿＿＿＿＿＿＿＿＿＿。
3）用经纬仪照准同一个竖直面内不同高度的地面的点，在水平度盘上的读数是否一样？＿＿＿＿＿。
三、直线定向基础知识
1）测量上常用的标准方向有三种：＿＿＿＿＿＿＿＿、＿＿＿＿＿＿＿＿、＿＿＿＿＿＿＿＿。
2）方位角的取值范围是：＿＿＿＿＿＿＿＿＿＿。
3）正反坐标方位角的换算公式：＿＿＿＿＿＿＿＿＿＿＿＿。</td></tr>
</table>

（续）

项目决策与计划

请根据测量指定的水平角、竖直角，计算方位角项目任务要求，确定所需要的检测仪器、工具，并对小组成员进行合理分工，制定详细项目实施步骤并完成观测。

一、所需要的检测仪器、工具

二、小组人员分工

三、简要写出测回法测水平角实施步骤

四、测量水平角和垂直角时，为什么要用经纬仪的盘左、盘右进行观测？

项目施工

一、已知 $\alpha_{AB}=12°17'36''$，采用测回法测水平角 $\angle BA1$、$\angle 1$、$\angle 2$、$\angle 3$，并推算 α_{A1}、α_{12}、α_{23}、α_{3A}

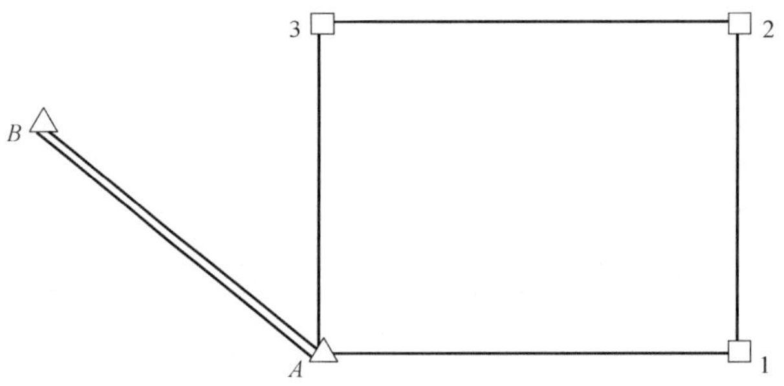

图 6

步骤一：打开三角脚架，松开脚架固定螺栓并使脚架高度与测量员肩同高，拧紧固定螺栓。

步骤二：安置仪器于测站 A 点，并进行对中、整平。

1. 经纬仪的操作包括＿＿＿＿、＿＿＿＿、＿＿＿＿、＿＿＿＿。

2. 对中整平的目的是：＿＿＿＿＿＿＿＿＿＿＿＿＿＿＿＿＿＿＿＿。

步骤三：将竖直度盘位于观测者左侧，即盘左位置，先粗瞄后视点 B，拧紧水平制动螺旋，旋转水平微动螺旋，精确瞄准点 B，置零，读取水平度盘读数为 $a_{左}$，并记入测回法测角记录表中。

用经纬仪测定水平角时，应尽量瞄准目标的＿＿＿＿＿＿。

步骤四：松开照准部水平制动螺旋，顺时针旋转照准部瞄准后视点 1，读取水平度盘读数为 b 左，并记入记录表中。

1）水平制动螺旋的作用：＿＿＿＿＿＿＿＿＿＿＿＿＿＿＿＿＿＿＿＿。

2）水平微动螺旋的作用：＿＿＿＿＿＿＿＿＿＿＿＿＿＿＿＿＿＿＿＿。

3）上半测回观测角值为＿＿＿＿＿＿＿＿＿＿＿＿＿＿＿＿＿＿＿＿。

步骤五：纵转望远镜，使竖直度盘位于观测者右侧，即盘右位置。先照准右方目标，即前视点 1，读取水平度盘读数为 $b_{左}$，并记入记录表中。

步骤六：逆时针转动照准部照准左方目标，即后视点 B，读取水平度盘读数为 $a_{右}$，并记入记录表中。

1）下半测回观测角值为＿＿＿＿＿＿。

2）上、下半测回合起来称为＿＿＿＿＿＿。

步骤七：计算 $|\beta_{左}-\beta_{右}|$，当其差值≤40″时，计算一测回水平角 β。

一测回的角值 $\beta=$＿＿＿＿＿＿。

步骤八：根据所测的水平角 β 的值，计算 $A1$ 的方位角 α_{A1}。

1）$\angle BA1$ 是左角还是右角？＿＿＿＿。

（续）

2）α_{A1} = ______________。

步骤九：以此类推，分别在点 1、2、3 上架设仪器，重复步骤三～步骤八，计算出其余方位角 α_{12}、α_{23}、α_{3A}。

测回法水平角记录手簿

测回	竖盘位置	目标	水平度盘读数			半测回角 β			一测回角 β			计算各方位角		
			°	′	″	°	′	″	°	′	″	°	′	″
一测回	左	*B*										α_{A1} =		
		1												
	右	1												
		B												
一测回	左	*A*										α_{12} =		
		2												
	右	2												
		A												
一测回	左	1										α_{23} =		
		3												
	右	3												
		1												
一测回	左	2										α_{3A} =		
		A												
	右	*A*												
		2												
检核														

二、中丝法测 *A*、1、2、3 的竖直角

步骤一：打开三角脚架，松开脚架固定螺栓并使脚架高度与测量员肩同高，拧紧固定螺栓。

步骤二：安置仪器于测站 *P* 点，并进行对中、整平。

步骤三：将竖直度盘位于观测者左侧，即盘左位置，用望远镜十字丝中丝切于目标 *A* 某一位置，读取竖盘读数 *L*，并记入竖直角观测记录表中。

用经纬仪测定竖直角，观测竖直角时，用十字丝对准目标位。

步骤四：纵转望远镜，使竖直度盘位于观测者右侧，即盘右位置。用望远镜十字丝中丝切于目标 *A* 同一位置，读取竖盘读数 *L*，并记入竖直角观测记录表中。

步骤五：根据竖盘注记形式，确定竖直角的计算公式。

你的仪器是注记形式，竖直角的计算公式：__________________。

步骤六：重复步骤三、四，测量其他各点的竖直角。

竖直角观测记录手簿

测站	目标	竖盘位置	竖盘读数			半测回竖直角			一测回竖直角		
			°	′	″	°	′	″	°	′	″
P	*A*	左									
		右									
P	1	左									
		右									
P	2	左									
		右									
P	3	左									
		右									

（续）

<table>
<tr><td>报验</td><td colspan="7">班组长对测量组进行自我检查，要求测量员快速地测出水平角和竖直角，并计算出方位角，达到要求后申请老师检查。</td></tr>
<tr><td rowspan="9">验收</td><td>班组检查</td><td colspan="6"></td></tr>
<tr><td rowspan="6">单位自检</td><td>学号</td><td>姓名</td><td>评分（满分 10）</td><td>学号</td><td>姓名</td><td>评分（满分 10）</td></tr>
<tr><td></td><td></td><td></td><td></td><td></td><td></td></tr>
<tr><td></td><td></td><td></td><td></td><td></td><td></td></tr>
<tr><td></td><td></td><td></td><td></td><td></td><td></td></tr>
<tr><td></td><td></td><td></td><td></td><td></td><td></td></tr>
<tr><td colspan="6">注意：最高分与最低分相差最少 3，同分人最多 3 人，某一成员分数不得超平均分 ±3。</td></tr>
<tr><td>施工单位意见</td><td colspan="6"></td></tr>
<tr><td>监理部意见</td><td colspan="6"></td></tr>
</table>

情境三 运用花杆和钢尺测量线路距离

任务一 学习距离测量的基础知识与视距法测距

任务名称	运用水准仪、经纬仪视距法测距	测量员		工日	
单位		项目部		单位自评分	
实训设备		实训场地		日 期	
项目任务	1. 理解测量工作中距离测量的定义及常用方法。 2. 学习仪器定线及进行距离测量。 3. 技术指标：钢尺量距相对误差应不大于1/3000。				
任务目的	能独立完成仪器定线并进行距离测量。				

项目准备

一、量距工具的基本认识

1）简要写出水准仪的测距原理。

2）简要写出经纬仪的测距原理。

3）简要写出光电测距仪的测距原理。

二、仪器定线测量距离的基本操作

1）水准仪的测距公式：________________。

2）经纬仪的测距公式：________________。

3）光电测距仪的测距公式：________________。

项目决策与计划

请根据水准仪、经纬仪视距法测量学校教学楼段道路的距离项目任务要求，确定所需要的检测仪器、工具，并对小组成员进行合理分工，制定详细项目实施步骤并完成观测。

一、所需要的检测仪器、工具

二、小组人员分工

三、简要写出经纬仪视距法测量距离的实施步骤

（续）

项目施工

运用水准仪测距原理测量学校教学楼段道路的距离（图 7）

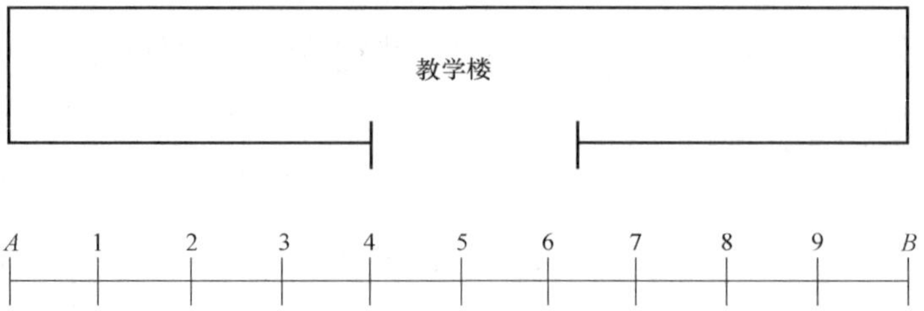

图　7

步骤一：清除直线上的障碍物，然后安置经纬仪于 A 点上，瞄准 B 点处的花杆，用经纬仪进行定线。

1）在 A 点安置好仪器后，标准 B 点时应瞄准____________位置。

2）简要写出经纬仪定线原理。

步骤二：利用 A 点的经纬仪进行定点，在地面上画一条线，使其与 AB 方向重合，并分别标记出点 1、2、3、4、5、6、7、8、9。

步骤三：在 A 点上立塔尺，安置水准仪在 1 点附近上，瞄准塔尺，消除视差，读取上丝读数 a 和下丝读数 b。

步骤四：利用公式，计算 A 点到 1 点的距离 $D1$。

请写出水准仪测距公式：________________。

步骤五：将塔尺立于 2 点上，瞄准塔尺，消除视差，读取上丝读数 a' 和下丝读数 b'，利用公式计算 1 点到 2 点的距离 $D2$。

步骤六：将水准仪分别架设于 3 点、5 点、7 点、9 点上，重复步骤三 ~ 步骤五，分别计算出其余各段的距离。

步骤七：将所有距离加起来，即 AB 两点的距离。

水准仪视距法测距记录手簿

尺段编号	实测方向	上丝读数	下丝读数	距离	备注
A ~ 1	往测				
1 ~ 2	往测				
2 ~ 3	往测				
3 ~ 4	往测				
4 ~ 5	往测				
5 ~ 6	往测				
6 ~ 7	往测				
7 ~ 8	往测				
8 ~ 9	往测				
9 ~ B	往测				
总和					

注：每段距离 $Di=(上丝-下丝)\times 100$，AB 距离：$D=D1+D2+\cdots+Dn$。

报验

班组长对测量组进行自我检查，要求测量员使用水准仪读取上丝、下丝读数，并能快速地算出距离，达到要求后申请老师检查。

（续）

验收	班组检查						
	单位自检	学号	姓名	评分（满分10）	学号	姓名	评分（满分10）
		注意：最高分与最低分相差最少3，同分人最多3人，某一成员分数不得超平均分±3。					
	施工单位意见						
	监理部意见						

任务二　钢尺量距

任务名称	运用花杆定线、钢尺测量学校教学楼段道路的距离	测量员		工日	
单位		项目部		单位自评分	
实训设备		实训场地		日期	
项目任务	1. 理解测量工作中距离测量的定义及常用方法。 2. 学习目估法定线及进行距离测量。 3. 技术指标：钢尺量距相对误差应不大于1/3000。				
任务目的	能独立完成目估法定线并进行距离测量。				

项目准备

一、量距工具的基本认识

1）标杆的作用是____。

2）测纤的作用是____。

3）垂球的作用是____。

二、目估法定线测量距离的基本操作

1）目估法钢尺量距是指用________________进行定线，通过钢尺直接丈量的方法。

2）测量距离时前后尺手动作要配合，定线要________________，尺身要________________，尺子要拉紧，用力要________________，待尺子稳定时再读数或插测钎。用测钎要竖直插于________________。前、后尺所量测钎的部位应________________。

3）为了检核和提高测量精度，目估法定线距离测量需要进行________________。以往、返丈量距离之差的绝对值$|\Delta D|$与往返测距离平均值D平均之比并化成分子是1的形式，即来衡量测距的精度。若精度符合要求，则取往、返测量的距离作为A、B两点的水平距离。

（续）

项目决策与计划

请根据目估法定线并测量学校教学楼段道路的距离项目任务要求，确定所需要的检测仪器、工具，并对小组成员进行合理分工，制定详细项目实施步骤并完成观测。

一、所需要的检测仪器、工具

二、小组人员分工

三、简要写出目估法定线距离测量的实施步骤

项目施工

目估法定线并测量学校教学楼段道路的距离（图 8）

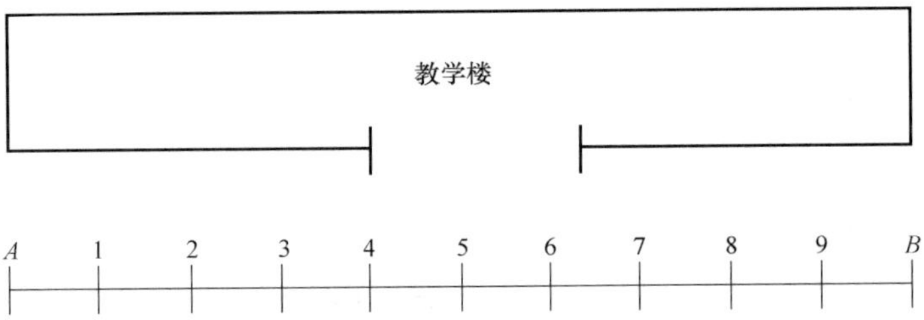

图 8

步骤一：在 A、B 两点竖立标杆，测量员甲站在 A 点标杆后，瞄准 B 点标杆。

为什么要在 A、B 两点竖立标杆？

步骤二：指挥测量员乙在略小于一整尺段处左右移动第三支标杆，直至 A 点、9 点、B 点三个标杆位于同一直线上。

1）目估法定线时的注意事项有哪些？

2）为什么先定 9 号点而不是 1 号点？

步骤三：用同样的方法可以定出其余点。

步骤四：施测员甲手持尺的零端位于 A 点，并在 A 点上插一测钎，施测员乙持尺的末端并携带测钎，沿 AB 方向前进，行至一尺段处停下。

丈量工作一般由__________进行。

步骤五：施测员甲以手势指挥施测员乙将钢尺拉在 AB 直线方向上；当两人同时把钢尺拉紧、拉平和拉稳后，施测员乙在尺的末端刻线处竖直地插下一测钎，得到点 1。

步骤六：施测员甲拔起 A 点上的测钎与施测员乙共同举尺前进，同法量点 2。

步骤七：施测员乙将尺上某一整数分划线对准 B 点，由施测员甲对准 n 点在尺上读出读数，两数相减，即可求得不足一尺段的余长。A、B 间的水平距离为：$D = nL + q$。

（续）

项目施工

钢尺量距记录手簿

尺段编号	实测方向	前尺读数	后尺读数	尺段长度	备注
$A\sim1$	往测				
	反测				
	平均				
$1\sim2$	往测				
	反测				
	平均				
$2\sim3$	往测				
	反测				
	平均				
$3\sim4$	往测				
	反测				
	平均				
$4\sim5$	往测				
	反测				
	平均				
$5\sim6$	往测				
	反测				
	平均				
$6\sim7$	往测				
	反测				
	平均				
$7\sim8$	往测				
	反测				
	平均				
$8\sim9$	往测				
	反测				
	平均				
$9\sim B$	往测				
	反测				
	平均				
总和					

注：尺段长度 = 前尺读数 − 后尺读数，AB 距离：$D_{平均}=\frac{1}{2}(D_{往}+D_{返})$。

报验

班组长对测量组进行自我检查，要求测量员使用卷尺快速地测出两点距离，达到要求后申请老师检查。

（续）

<table>
<tr><td rowspan="8">验收</td><td>班组检查</td><td colspan="6"></td></tr>
<tr><td rowspan="6">单位自检</td><td>学号</td><td>姓名</td><td>评分（满分 10）</td><td>学号</td><td>姓名</td><td>评分（满分 10）</td></tr>
<tr><td></td><td></td><td></td><td></td><td></td><td></td></tr>
<tr><td></td><td></td><td></td><td></td><td></td><td></td></tr>
<tr><td></td><td></td><td></td><td></td><td></td><td></td></tr>
<tr><td></td><td></td><td></td><td></td><td></td><td></td></tr>
<tr><td colspan="6">注意：最高分与最低分相差最少 3，同分人最多 3 人，某一成员分数不得超平均分 ±3。</td></tr>
<tr><td>施工单位意见</td><td colspan="6"></td></tr>
<tr><td></td><td>监理部意见</td><td colspan="6"></td></tr>
</table>

情境四　运用经纬仪或全站仪测量并计算未知点位坐标

任务一　运用经纬仪进行导线测量

<table>
<tr><td>任务名称</td><td>运用经纬仪进行导线测量，
并计算出未知点坐标</td><td>测量员</td><td></td><td>工日</td><td></td></tr>
<tr><td>单位</td><td></td><td>项目部</td><td></td><td>单位自评分</td><td></td></tr>
<tr><td>实训设备</td><td></td><td>实训场地</td><td></td><td>日 期</td><td></td></tr>
<tr><td>项目任务</td><td colspan="5">1. 经纬仪测量闭合导线各内角，并进行检核计算。
2. 钢尺量取相邻两段导线点间的水平距离，量取三次取平均值。
3. 进行坐标正算和反算，推求未知点坐标。
4. 技术指标：水平角上下半测回较差不超过 ±24″；距离一测回三次读数较差不超过 5mm；方位角闭合差不超过 $24\sqrt{n}$。</td></tr>
<tr><td>任务目的</td><td colspan="5">独立完成导线测量，并能推算出未知点坐标。</td></tr>
<tr><td>项目准备</td><td colspan="5">一、控制测量基础知识
1）控制测量是测定________________位置的工作。
2）平面控制网主要用于测量控制点的________________。
3）高程控制网主要用于测量控制点的________________。
4）常见的高程控制测量有：________________、________________。
5）三角高程测量适用范围为：________________________。
二、导线测量的基础知识
1）导线的布设形式有：________________、________________、________________。
2）导线测量的外业工作包括：__________、__________、__________、__________。
3）多边形内角和理论值为：________________________。</td></tr>
<tr><td>项目决策与计划</td><td colspan="5">请根据已知点位坐标和方位角，运用经纬仪测量并计算未知点位坐标项目任务要求，确定所需要的检测仪器、工具，并对小组成员进行合理分工，制定详细项目实施步骤并完成观测。
一、所需要的检测仪器、工具

二、小组人员分工

三、简要写出测闭合导线水平角实施步骤

四、导线选点时应注意哪些问题？</td></tr>
</table>

（续）

项目施工

一个已知点及已知方向和三个未知点组成的闭合导线，四条边总长约500m，如图9所示。

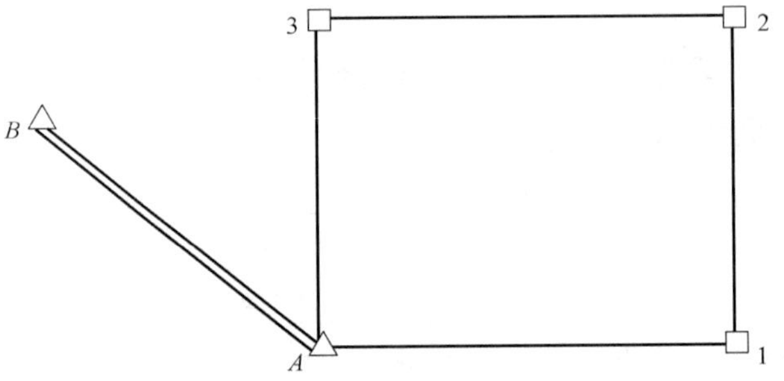

图 9

步骤一：根据测量实训场地，勘探选点1、2、3并建立标志。

1）导线点选在土质坚硬、稳定的地方，以便于保存点的______和安置______。

2）导线点选在地势较高，视野______的地方，以助于进行______测量或加密以及施工______。

3）相邻导线点间要______。

步骤二：打开三角脚架，松开脚架固定螺栓并使脚架高度到测量员胸口位置，拧紧固定螺栓，安置仪器于测站A点，并进行对中、整平。

安置经纬仪的核心五步：______、______、______、______、______。

步骤三：将竖直度盘位于观测者左侧，即盘左位置，先粗瞄后视点B，拧紧水平制动螺旋，旋转水平微动螺旋，精确瞄准点B点，置零。

用经纬仪测定水平角时，应尽量瞄准目标的______。

步骤四：松开照准部水平制动螺旋，顺时针旋转照准部分别瞄准后视点3和点1，读取各自水平度盘读数，并记入记录表中。

步骤五：纵转望远镜，使竖直度盘位于观测者右侧，即盘右位置。分别照准目标1、3、B，读取水平度盘读数，并记入记录表中。用电子激光经纬仪测距功能测出导线A1的距离，记入测量表格中。

水平角计算公式：______。

步骤六：分别安置仪器于测站1点、2点、3点，重复步骤三～步骤五，分别测出水平角∠1、∠2、∠3和导线12、23、3A的距离，并计入相应的测量表格中。

步骤七：计算角度闭合差并检查其精度是否满足要求，如不合格重新测量。

1）四边形A123内角和为：______。

2）多边形内角和公式：______。

步骤八：如果精度满足要求，则计算角度改正数。

改正数公式为______。

步骤九：计算各边方位角。

坐标方位角与测角的换算公式：______。

步骤十：利用公式计算坐标增量$\Delta x_{理}$、$\Delta y_{理}$。

$\sum \Delta x_{理}$ = ______；$\sum \Delta y_{理}$ = ______。

步骤十一：计算坐标增量闭合差及改正值。

闭合导线测量坐标增量闭合差的算法：______。

步骤十二：求出各未知点坐标。

注：将测量成果填入本任务的“导线测量观测记录表”和“导线测量成果计算表”。

报验

班组长对测量组进行自我检查，要求测量员能利用经纬仪进行导线测量并计算出未知点坐标，达到要求后申请老师检查。

（续）

验收	班组检查						
	单位自检	学号	姓名	评分(满分10)	学号	姓名	评分(满分10)
		注意:最高分与最低分相差最少3,同分人最多3人,某一成员分数不得超平均分±3。					
	施工单位意见						
	监理部意见						

情境四 任务一 导线测量观测记录表

测站	竖盘位置	目标	水平度盘读数 (° ′ ″)	半测回角值 (° ′ ″)	一测回平均角值 (° ′ ″)	备注
2	左	1	0 01 12	85 35 12	85 35 09	
		3	85 36 24			
	右	1	180 01 16	85 35 06		
		3	265 36 22			
边 名	一测回平距读数/m					
2—3	第一次	第二次	第三次	平均值		
	89.500	89.502	89.501	89.501		

注：角度取位至1″，距离取位至1mm。

情境四　任务一　导线测量成果计算表

点号	观测角 (° ′ ″)	角度改正数(″)	改正后角度值 (° ′ ″)	坐标方位角 (° ′ ″)	距离 /m	坐标增量 Δx 计算值 /m	坐标增量 Δx 改正值 /mm	坐标增量 Δx 改正后的值 /m	坐标增量 Δy 计算值 /m	坐标增量 Δy 改正值 /mm	坐标增量 Δy 改正后的值 /m	纵坐标 x/m	横坐标 y/m
B													
				160 35 42									
A												667.079	867.097
1													
2													
3													
A												667.079	867.097
1													
Σ													
辅助计算	$f_\beta=\sum\beta_{测}-360°=+36''$　$f_x=\sum\Delta x=+0.097\text{m}$　$f_y=\sum\Delta y=-0.124\text{m}$ $f_{\beta允}=\pm24\sqrt{n}=\pm48''$　$f=\sqrt{f_x^2+f_y^2}=0.157\text{m}$　$k=\frac{f}{\sum D}=\frac{1}{5437}$　$k_{允}=\frac{1}{5000}$												

注：角度及改正数的计算取位至1″，距离、坐标及相关改正数的计算取位至1mm。

任务二　运用全站仪程序测量并计算未知点位坐标

任务名称	运用全站仪程序测量并计算未知点位坐标	测量员		工日	
单位		项目部		单位自评分	
实训设备		实训场地		日　期	
项目任务	1. 在校园内模拟一建筑物四角点的定位。 2. 指导教师给定一已知点和一已知方向。 3. 学生分别用坐标测量模式确定其他三个角点。 4. 技术指标：$f_{\beta允} = \pm 24\sqrt{n} = \pm 48''$；$k_{允} = \frac{1}{5000}$。				
任务目的	学会使用全站仪测量未知点坐标。				

项目准备

1）全站仪的测量模式：________________、________________、________________。

2）全站仪的安置包括：________________、________________。

3）进行坐标测量时需先输入：________________、________________、________________。

项目决策与计划

请根据已知点位坐标和方位角，运用全站仪测量并计算未知点位坐标项目任务要求，确定所需要的检测仪器、工具，并对小组成员进行合理分工，制定详细项目实施步骤并完成观测。

一、所需要的检测仪器、工具

二、小组人员分工

三、简要写出坐标测量实施步骤

项目施工

一个已知点及已知方向和三个未知点组成的闭合导线，四条边总长约500m，如图10所示。

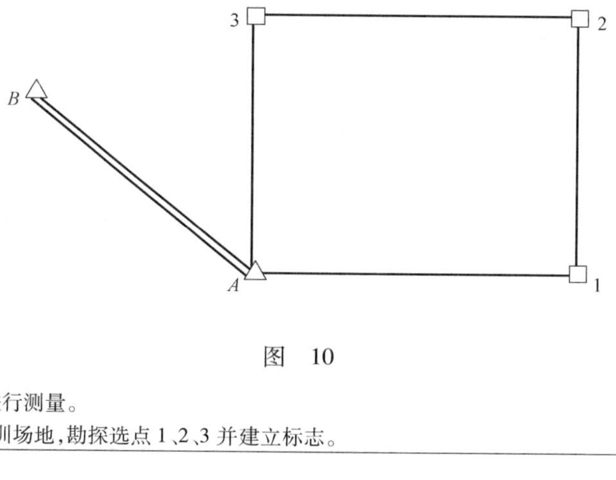

图　10

运用坐标测量模式进行测量。

步骤一：根据测量实训场地，勘探选点1、2、3并建立标志。

（续）

<table>
<tr><td>项目施工</td><td colspan="7">步骤二：打开三角脚架，松开脚架固定螺栓并使脚架高度到测量员胸口位置，拧紧固定螺栓，安置全站仪器于测站 A 点，并进行对中、整平。
1）全站仪的对中整平操作与经纬仪是否相同？________。
2）光学对中时应注意：________________________________。
3）光学对中误差应控制在________，全站仪整平误差应控制在________。
步骤三：用钢尺量取仪器高和棱镜高，将仪器高、棱镜高及 A 点坐标分别输入全站仪程序中。
1）请画出全站仪坐标测量功能键：________________。
2）全站仪进行坐标测量时应具备的已知条件是：________________。
步骤四：将竖直度盘位于观测者左侧，即盘左位置，在后视点 B 点安置棱镜，精确瞄准棱镜中心，输入 B 点坐标。此步骤为设置________________。
步骤五：将棱镜分别安置于点 3 和点 1 上，通过操作全站仪，分别测出点 3 和点 1 的坐标，并记入记录表中。全站仪显示屏上 N、E、Z 分别代表________________。
步骤六：安置仪器于测站 1 点，重复步骤三～步骤五，测出点 2 坐标。
步骤七：进行检核计算。
将测量成果填入本任务后的全站仪测量记录表。</td></tr>
<tr><td>报验</td><td colspan="7">班组长对测量组进行自我检查，要求测量员快速的测出未知点坐标，达到要求后申请老师检查。</td></tr>
<tr><td rowspan="9">验收</td><td>班组检查</td><td colspan="6"></td></tr>
<tr><td rowspan="6">单位自检</td><td>学号</td><td>姓名</td><td>评分（满分 10）</td><td>学号</td><td>姓名</td><td>评分（满分 10）</td></tr>
<tr><td></td><td></td><td></td><td></td><td></td><td></td></tr>
<tr><td></td><td></td><td></td><td></td><td></td><td></td></tr>
<tr><td></td><td></td><td></td><td></td><td></td><td></td></tr>
<tr><td></td><td></td><td></td><td></td><td></td><td></td></tr>
<tr><td colspan="6">注意：最高分与最低分相差最少 3，同分人最多 3 人，某一成员分数不得超平均分 ±3。</td></tr>
<tr><td>施工单位意见</td><td colspan="6"></td></tr>
<tr><td>监理部意见</td><td colspan="6"></td></tr>
</table>

全站仪测量记录表

组别：仪器号码：________年________月________日

测站 测回	目 标	仪器高 /m	棱镜高 /m	竖盘 位置	水平角观测		竖直角观测		距离高差观测			坐标测量		
					水平度盘 读数(°′″)	方向值 或角值(°′″)	竖直度盘 读数(°′″)	竖直角 (°′″)	斜距 /m	平距 /m	高差 /m	x /m	y /m	H /m

情境五　根据地形图计算方格网面积和挖、填方量

任务一　学习地形图的基础知识

<table>
<tr><td>任务名称</td><td>《×××地形图》的识读</td><td>测量员</td><td></td><td>工日</td><td></td></tr>
<tr><td>单位</td><td></td><td>项目部</td><td></td><td>单位自评分</td><td></td></tr>
<tr><td>实训设备</td><td></td><td>实训场地</td><td></td><td>日 期</td><td></td></tr>
<tr><td>项目任务</td><td colspan="5">1. 识读《×××地形图》。
2. 熟悉常见的地物地貌的表示方法。</td></tr>
<tr><td>任务目的</td><td colspan="5">掌握地形图的识读。</td></tr>
<tr><td>项目准备</td><td colspan="5">1）地形图是包含丰富的自然地理、人文地理和社会经济信息的____________。
2）地物和地貌在地形图上用____________和____________________表示。
3）图廓外注记主要包括图名、________、________、坐标系统和高程系统、测图单位、图式、测图时间和____________。
4）同一幅地形图，基本等高距相同，若等高线平距越小，则等高线越____________________，地面坡度越____________________。</td></tr>
<tr><td>项目决策与计划</td><td colspan="5">请根据×××地形图（图11）的识读任务要求，确定所需要的检测仪器、工具，并对小组成员进行合理分工，制订详细项目实施步骤并完成观测。
1）所需要的检测仪器、工具

2）小组人员分工

3）简要写出地形图的识读顺序</td></tr>
</table>

（续）

项目施工

每组根据×××地形图（图11），完成地形图的识读任务。

万家疃三	万家疃二	汽运五公司
灯炮厂		寨子一
黄家夼一	黄家夼二	黄家夼三

×××地形图

51.50–93.75

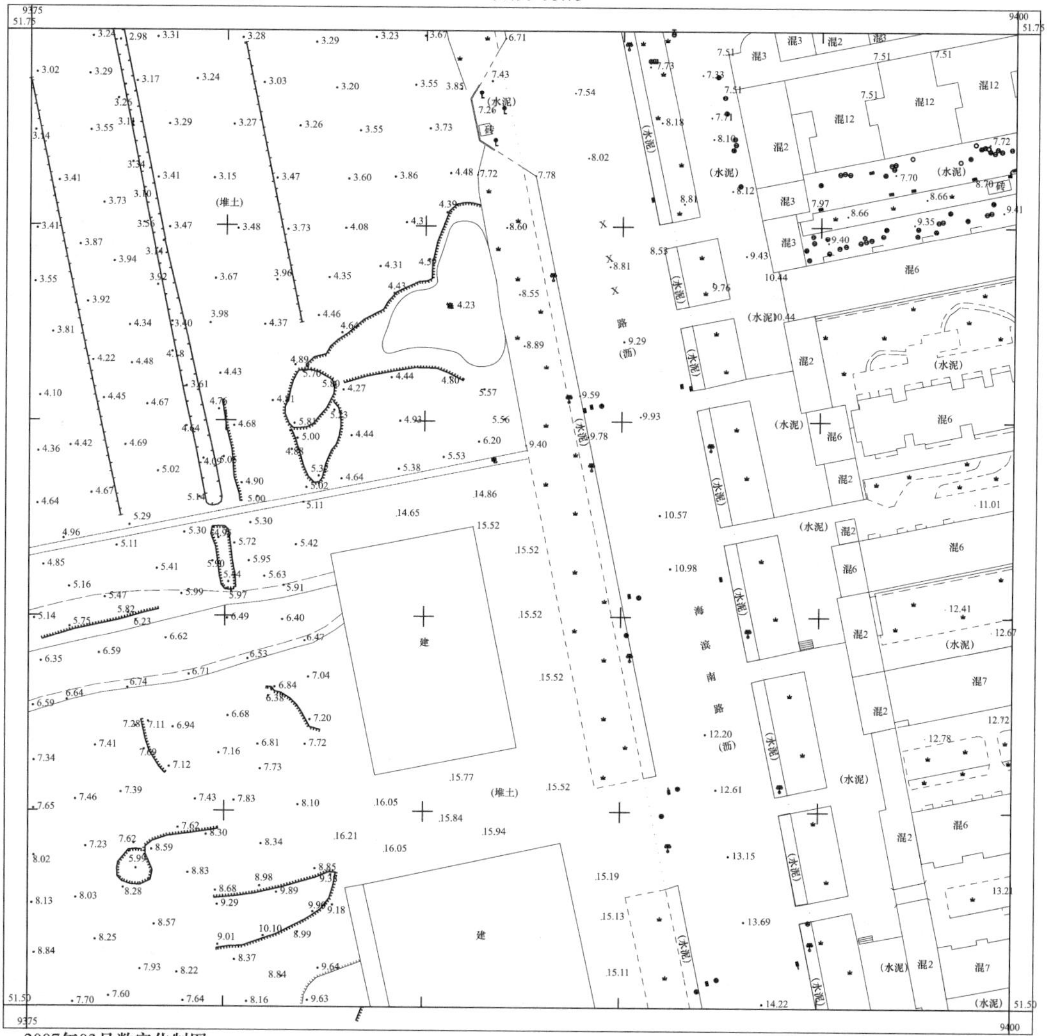

×××测绘公司

2007年03月数字化制图。
1997′××市独立坐标系。
1985国家高程基准。
1996年版图式。

1:500

测量员：夏某
绘图员：李某
检查员：王某

图 11

步骤一：完成地形图图外注记识读。

1）分别写出本地形图的图名：____________，图号：____________。

万家疃三	万家疃二	汽运五公司
灯炮厂		寨子一
黄家夼一	黄家夼二	黄家夼三

2）上表叫________________。

（续）

项目施工

3）此地形图的比例尺是：________。

4）
2007 年 03 月数字化制图。
1997′××市独立坐标系。
1985 国家高程基准，等高距为 1 米
1996 年版图式。
包括哪些内容。

步骤二：常见地物的识读。

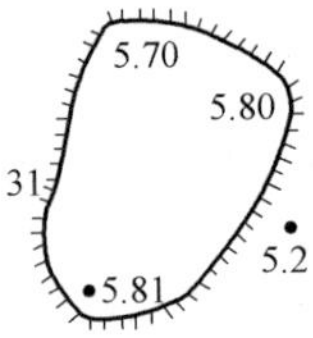

1）图符　　表示：________________。

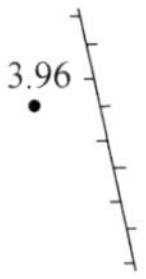

2）图符　　表示：________________。

3）图符　　表示：________________。

4）图符　　表示：________________。

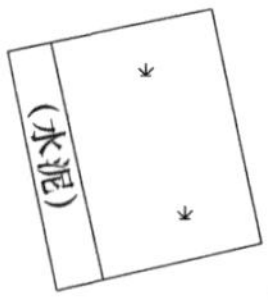

5）图符　　表示：________________。

6）图符　　表示：________________。

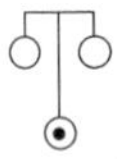

7）图符　　表示：________________。

8）图符　　表示：________________。

报验

班组长对测量组进行自我检查，要求测量员能对地形图进行准确识读，达到要求后申请老师检查。

（续）

<table>
<tr><td rowspan="9">验收</td><td>班组
检查</td><td colspan="6"></td></tr>
<tr><td rowspan="6">单位
自检</td><td>学号</td><td>姓名</td><td>评分(满分10)</td><td>学号</td><td>姓名</td><td>评分(满分10)</td></tr>
<tr><td></td><td></td><td></td><td></td><td></td><td></td></tr>
<tr><td></td><td></td><td></td><td></td><td></td><td></td></tr>
<tr><td></td><td></td><td></td><td></td><td></td><td></td></tr>
<tr><td></td><td></td><td></td><td></td><td></td><td></td></tr>
<tr><td colspan="6">注意:最高分与最低分相差最少3,同分人最多3人,某一成员分数不得超平均分±3。</td></tr>
<tr><td>施工
单位
意见</td><td colspan="6"></td></tr>
<tr><td>监理部
意见</td><td colspan="6"></td></tr>
</table>

任务二 测量指定路段并计算挖、填方量

<table>
<tr><td>任务名称</td><td>根据图12,完成指定道路一段距离的测量,并计算其挖、填方量</td><td>测量员</td><td></td><td>工日</td><td></td></tr>
<tr><td>单位</td><td></td><td>项目部</td><td></td><td>单位自评分</td><td></td></tr>
<tr><td>实训设备</td><td></td><td>实训场地</td><td></td><td>日 期</td><td></td></tr>
<tr><td>项目任务</td><td colspan="5">1. 识读图12。
2. 根据地形图计算方格网面积和挖、填方量。</td></tr>
<tr><td>任务目的</td><td colspan="5">掌握地形图的应用。</td></tr>
<tr><td>项目准备</td><td colspan="5">1)在纸制地形图及电子地形图上,如何求得点的三位坐标?____________,如何求得两点间的水平距离?____________________________,如何判断直线的方位角?____________________。
2)图纸上直线的坡度的公式:________________。
3)地形图上AB长3.5cm,它所代表的实际水平距离为17.5m,该测图比例尺为:________________。</td></tr>
<tr><td>项目决策与计划</td><td colspan="5">请根据图12测量并计算指定道路挖、填方量项目任务要求,确定所需要的检测仪器、工具,并对小组成员进行合理分工,制定详细项目实施步骤并完成观测。
一、所需要的检测仪器、工具

二、小组人员分工

三、简要写出断面图的绘制方法

</td></tr>
</table>

（续）

项目施工

每组根据图 12，完成指定道路一段距离的测量，并计算其挖、填方量。

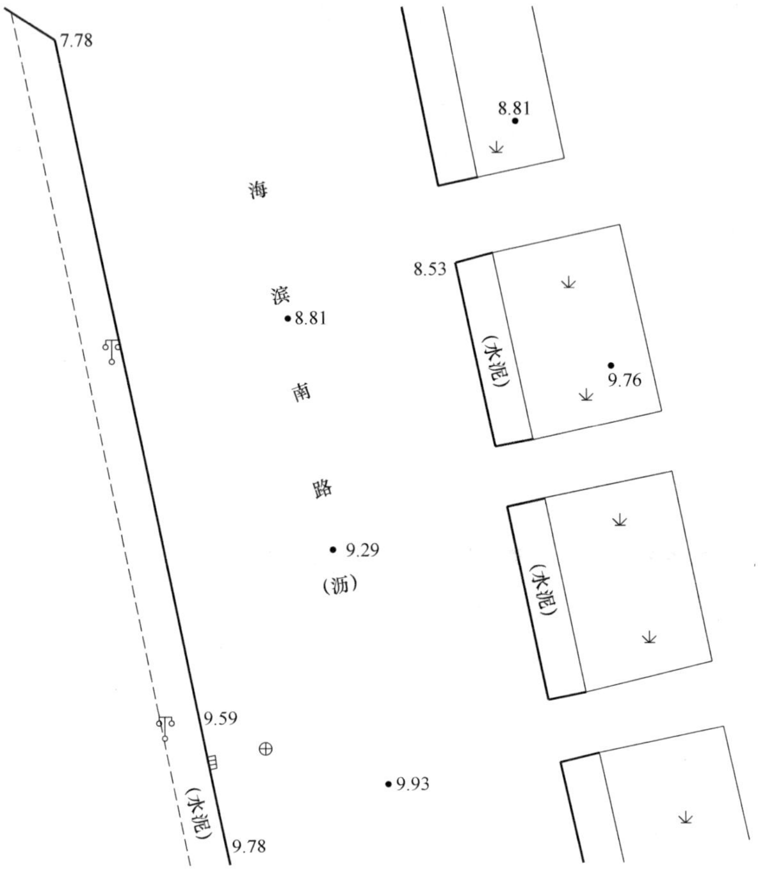

图 12

步骤一：按精度要求和地形绘制 1m×1m 方格网。

大面积土石方估算一般采用________方法。

步骤二：测量各方格网点高程，绘制出等高线。

1）图符 · 9.93 表示：________。

2）等高线的绘制采用________方法。

步骤三：根据设计高程，绘制填挖分界线。

场地平整时，应尽量保持填挖________，总土方量原则________。

步骤四：计算填挖高度 $h=H_{地}-H_{设}$。

$h>0$ 时该____________，$h<0$ 时该____________。

步骤五：利用公式 $V_{块}=S_{挖(或填)}h_{均}$，计算分块挖、填方量。

步骤六：利用公式 $V_{总}=\sum V_{块}$，计算总填、挖方量。

报验

班组长对测量组进行自我检查，要求测量员能对相关路段进行测量并计算方量，达到要求后申请老师检查。

（续）

<table>
<tr><td rowspan="9">验收</td><td>班组检查</td><td colspan="6"></td></tr>
<tr><td rowspan="6">单位自检</td><td>学号</td><td>姓名</td><td>评分（满分 10）</td><td>学号</td><td>姓名</td><td>评分（满分 10）</td></tr>
<tr><td></td><td></td><td></td><td></td><td></td><td></td></tr>
<tr><td></td><td></td><td></td><td></td><td></td><td></td></tr>
<tr><td></td><td></td><td></td><td></td><td></td><td></td></tr>
<tr><td></td><td></td><td></td><td></td><td></td><td></td></tr>
<tr><td colspan="6">注意：最高分与最低分相差最少 3，同分人最多 3 人，某一成员分数不得超平均分 ±3。</td></tr>
<tr><td>施工单位意见</td><td colspan="6"></td></tr>
<tr><td>监理部意见</td><td colspan="6"></td></tr>
</table>